Renard Teipelke

Das Raumkonzept von Alexander B. Murphy

Territorium als Ideologie

GRIN Verlag

Bibliografische Information der Deutschen Nationalbibliothek:

Die Deutsche Bibliothek verzeichnet diese Publikation in der Deutschen National-
bibliografie; detaillierte bibliografische Daten sind im Internet über http://dnb.d-
nb.de/ abrufbar.

Impressum:

Copyright © 2012 GRIN Verlag, Open Publishing GmbH
Druck und Bindung: Books on Demand GmbH, Norderstedt Germany
ISBN: 978-3-656-29392-7

Dieses Buch bei GRIN:

http://www.grin.com/de/e-book/200691/das-raumkonzept-von-alexander-b-murphy

Veranstaltung: Seminar Konzepte der Humangeografie (WiSe 2011/2012)

Abgabetermin: 04.03.2012

Autor: Renard Teipelke

Studiengang: M.A. Geografien der Globalisierung

Das Raumkonzept von Alexander B. Murphy: Territorium als Ideologie

Inhaltsverzeichnis

1. Einleitung

Existential questions – who gets to have a country and who gets to be a country (Khanna 2011: 75)

Mit dieser Formulierung pointiert Khanna in seinem populären Sachbuch „How to Run the World" (2011) den grundlegenden Ansatz der geografischen und politikwissenschaftlichen Forschung zu Geopolitik und Territorium. Territorium ist dabei mehr als nur ein Begriff oder Startpunkt für die Untersuchung zwischenstaatlicher oder innerstaatlicher Konflikte, sondern bedarf einer konzeptionellen Fassung beziehungsweise theoretischen Untersuchung. Dieser Aufgabe hat sich Murphy in seinem 2005 publizierten Beitrag „Territorial Ideology and Interstate Conflict" angenommen und soll daher nachfolgend einer kritischen Betrachtung unterzogen werden.

Murphys Raumkonzept sieht hierbei Territorium als Ideologie an und möchte Konflikte im modernen Staatensystem seit dem 20. Jahrhundert über eine Untersuchung verschiedener Ausprägungen dieser Ideologie, also unterschiedlicher territorialer Logiken, erklären können.

Nachdem ich Murphys zentrale Argumentation und Konzeption von Territorium als Ideologie vorgestellt habe (Kapitel 2), werde ich diese kritisch analysieren. In den nachfolgenden Ausführungen vertrete ich dabei die These, dass mit Murphys Raumkonzept eine Vielzahl territorialer Konflikte im modernen Staatensystem erläutert werden kann. Die Theorie des Autors kann aber nicht zugrundeliegende Ursachen solcher Konflikte ausreichend identifizieren und erklären, weil die Kategorien territorialer Logiken zum Teil Unschärfen enthalten (Kapitel 3). Murphy fällt in die von Agnew kritisierte „territorial trap" (vgl. Elden 2010: 801), weil er den Nationalstaat als scheinbar naturgegebenes Organisationsprinzip von Gesellschaft voraussetzt (Kapitel 4). Damit verbunden ist eine Eindimensionalität in Murphy Betrachtung (Territorium als ganzheitlich erklärendes Konzept), weshalb allerdings sein Ansatz nicht generell abzulehnen, sondern stattdessen ertragreich zu erweitern ist. Dies werde ich mithilfe von Jessop/Brenner/Jones (2008) und deren Forderung nach Mehrdimensionalität in Raumtheorien erläutern und an einer Verknüpfung mit Swyngedouws Raumkonzept der Maßstabsebene (1997) exemplarisch zeigen (Kapitel 5). In einem abschließenden Teil (Kapitel 6) werde ich resümieren, wo die Potenziale und Grenzen von Murphys Raumkonzept liegen.

2. Murphys Raumkonzept

Die Konzeption von Territorium bei Murphy kann am besten nachvollzogen werden, wenn man sie als Weiterführung vorheriger Forschungsbeiträge, beispielsweise von Sacks „Human Territoriality" (1983), versteht. Dabei definiert Sack Territorialität als den Versuch oder die tatsächliche Ausübung von Kontrolle über ein geografisches Gebiet mit dem Ziel das Handeln und die Interaktion von Subjekten und Objekten sowie (ihren) Beziehungen (zueinander) auf jedweder Ebene territorial zu bestimmen, zu beeinflussen oder zu kontrollieren (Sack 1983: 55-57). Grenzen können und werden bewusst und intentional gezogen, um einen sozialen Zweck zu erreichen, da territoriale Beziehungen immer in einen sozialen/gesellschaftlichen Kontext eingebettet sind. Autoren wie Sack gehen also von einer räumlichen Verdinglichung von Machtkonstellationen aus.

Auf dieser Grundlage ist Murphys Konzept von Territorium als Ideologie zu verstehen. Seine zentrale Aussage ist hierbei, dass gestützt auf ethnokulturelle, physisch-räumliche, politisch-territoriale oder strategische Argumente (also territorialer Logiken), Regime territorialer Legitimation im modernen Staatensystem inter- und intraregionale Konflikte framen (rahmen) (Murphy 2005: 283).

Er unterscheidet bei territorialen Konflikten drei Maßstabsebenen (in Klammern sind jeweils Beispiele territorialer Konflikte gegeben[1]): die ‚Makroebene‘ (globaler Konflikt: deutscher Angriff auf Polen 1939), die ‚Mikroebene‘ (rein zwischenstaatlicher Konflikt: Mexikanisch-Amerikanischer Krieg 1846-1848) und die ‚Mesoebene‘ (ein interregionaler, aber nicht globaler Konflikt: Autonomiebestrebungen der ‚Republik‘ Kurdistan), auf welche er sich im folgenden fokussiert (Murphy 2005: 281).[2]

Murphy sieht die Entwicklung des modernen Staatensystems in Gleichklang mit der Konstruktion von Grenzen und damit einhergehender Legitimierung von territorialen Ansprüchen. Dieses moderne Staatensystem baut auf zwei Grundpfeilern auf. Zum einen der ‚Souveränität‘ als die juristisch klare Abgrenzung von Gebieten, welche voneinander autonom/unabhängig sind. Und zum anderen des ‚Nationalstaates‘ als der räumlichen Verknüpfung aus juristisch klar abgegrenzten Gebieten (‚Staaten‘) mit einer bestimmten Verteilung von Völkern (‚Nationen‘), die jedes für sich eine Kultur und Geschichte teilen und den Wunsch nach Selbstbestimmung hegen („state nationalism"; Murphy 2005: 282).

Hieraus werden (durch politische Eliten) Regime territorialer Legitimation konstruiert, welche quasi historisch-geografische Überlegungen und Verständnisse sind, die als Argumente für bestimmte Gebietsansprüche vor allem bei Konflikten auf der Mesoebene ins Feld geführt

---

[1] Die nachfolgend im gesamten Text gegebenen Beispiele territorialer Konflikte sind zum Teil aus Murphys Text (2005) entlehnt und zum Teil von mir selbst recherchiert – je nachdem, welche Beispiele ich für am treffendsten und anschaulichsten erachtete. Aufgrund des Umfangs dieser Arbeit hier können die Beispiele im Einzelnen nicht ausführlich erläutert werden (was auch für das allgemeine Verständnis der theoretischen Abhandlung nicht zwingend erforderlich ist). Für genauere Darstellungen bieten sich gängige Nachschlagewerke an oder, bei jüngeren Konflikten, um die Sichtweisen und Argumentationen gegenüberzustellen, die Ausführungen auf den offiziellen Regierungsseiten der betroffenen Parteien (Staaten und Nationen).

[2] Murphy benennt nur die ‚Mesoebene‘ explizit, während er die anderen beiden Ebenen umschreibt. Aus der Begriffsverwendung ‚Meso‘ können allerdings ‚Makro‘ und ‚Mikro‘ für diese einführende Darstellung logisch abgeleitet werden.

werden. Obwohl sie konstruiert sind, können sie nicht im vollkommenen Gegensatz zur Realität stehen. Ebenso müssen sie nicht zwingend bei Konflikten ins Feld geführt werden, da auch andere politische, ökonomische und gesellschaftliche Aspekte eine Rolle spielen (Murphy 2005: 283-284). Entsprechend leitet Murphy aus den Regimen territorialer Legitimation auch sogenannte Tendenzen ab (Murphy 2005: 283, 286). Daher macht es Sinn, nachfolgend die Regime mit ihren jeweiligen Tendenzen gemeinsam einzuführen (vgl. Abbildung 1, Seite 5).

Das erste Regime kann als ‚ethnokulturelles Heimatland' umschrieben werden, in welchem sich ein Staat als historisches Heimatland (Heimat) einer bestimmten ethnokulturellen Gruppe sieht (z.B. Israel). Die dazugehörige Tendenz kann unter dem Stichwort ‚ethnokulturelle Verteilung' zusammengefasst werden, bei welcher territoriale Konflikte mit einer über Staatsgrenzen hinausgehenden Verteilung einer bestimmten ethnischen Gruppe legitimiert werden (z.b. aserbaidschanisch-armenischer Konflikt um Bergkarabach).

Das zweite Regime betrifft die ‚physisch-räumliche Einheit' und sieht den Staat entsprechend als konkrete physisch-räumliche Einheit (z.B. Australien). Die entsprechende Tendenz betrifft eine ‚geografisch zerklüftende Grenzziehung', die der Vorstellung eben jener physisch-räumlichen Einheit eines Staates widerspricht und tendenziell zu Konflikten führen oder diese legitimieren kann (z.b. US-Stützpunkt Guantanamo Bay auf Kuba).

Das dritte Regime umfasst die ‚politisch-territoriale Einheit', in welcher der Staat als moderne Inkarnation eines bereits langanhaltenden/historischen ‚Ganzen' verstanden wird (z.B. Ägypten). Als Tendenz hierfür beschreibt Murphy die ‚politisch zerklüftende Grenzziehung', bei welcher Grenzverläufe mit und Gebietsansprüche an/der Nachbarstaaten der historisch-politischen Integrität eines Staates entgegenstehen (z.B. Ausdehnung Chinas während der Qing-Dynastie vs. heutige Grenzen und postulierte Einflussgebiete).

Das vierte Regime betitelt Murphy selbst nicht, sondern fasst unter diesem alle Staaten zusammen, welche keine der oberen drei Regime als Argumente glaubhaft bedienen können und daher andere Argumente ins Feld führen – aus diesem Grund würde ich dieses Regime als ‚strategisches Ersatzargument' bezeichnen (z.B. aktueller Wettstreit um Gebietsansprüche in der Arktis). Die dazugehörige Tendenz umschreibt Murphy wiederum konkreter als ‚polit-ökonomisch motivierte Gebietsansprüche', bei denen entsprechend politstrategische oder ökonomische Anreize territorialen Konflikten zugrundeliegen, die dann mit Verweis auf vorherige politischen Vereinbarungen oder eine gewisse ‚historische Verbundenheit' legitimiert werden (z.B. japanisch-südkoreanischer Konflikt um die Liancourt-Felsen).

Da Murphy seine theoretische Konzeption mit empirischen Beispielen abgleicht, verknüpft er seine Unterscheidung der Maßstabsebenen auch mit den Regimen und Tendenzen territorialer Logiken. Dabei bezieht er sich auf Konflikte, welche nicht nur interregional/auf der Mesoebene (siehe Beispiele oben), sondern auch intraregional ausgetragen werden (Murphy 2005: 290-292). Hierfür können die vier bereits eingeführten Logiken um intraregionale territoriale Konflikte ergänzt werden (vgl. Abbildung 1, Seite 5).

Im ersten Regime sind dies Autonomiebestrebungen ethnokultureller Minderheiten (z.b. Basken in Spanien). Im zweiten Regime steht die innere Heterogenität (an Nationen) der staatlichen Einheit entgegen (z.b. Teilrepubliken der Sowjetunion). Das dritte Regime ergänzt Murphy in Bezug auf intraregionale Logiken mit einer Beschreibung von Konflikten, die mit der Präsenz ausländischer Einflüsse/Mächte/Truppen etc. in einem stark auf seine ethnisch-, religiös- oder polit-historische Einheit gegründeten Staat legitimiert werden (z.b. US-Militärpräsenz in Saudi Arabien). Zum vierten Regime erklärt Murphy kein intraregionales Äquivalent, aber eine logische Weiterführung würde beispielsweise Autonomiebestrebungen bestimmter Regionen eines Staates auf Grundlage starker ökonomischer Ungleichverteilung umfassen (z.b. ‚Republik' Padanien in Norditalien, Stichwort: Wohlstandsseparatismus).

Diese Einführung in Murphys Raumkonzept soll nun anhand der bereits erwähnten Thesen kritisch untersucht werden.

Abbildung 1: Übersicht territorialer Logiken in Anlehnung an Murphy (2005)

Regime territorialer Legitimation	Tendenzen territorialer Legitimation	Beispiele intraregionaler territorialer Logiken
Ethnokulturelles Heimatland	Ethnokulturelle Verteilung	Autonomiebestrebungen ethnokultureller Minderheiten
Physisch-räumliche Einheit	Geografisch zerklüftende Grenzziehung	Innere Heterogenität vs. staatliche Einheit
Politisch-territoriale Einheit	Politisch zerklüftende Grenzziehung	Ausländische Präsenz vs. staatliche Einheit
Strategisches Ersatzargument	Polit-ökonomisch motivierte Gebietsansprüche	Autonomiebestrebungen aufgrund ökonomischer Ungleichverteilung

Quelle: eigene Darstellung

3. Die Unschärfe politisch-ökonomischer territorialer Logik

Während die ersten drei Regime und dazugehörigen Tendenzen in Murphys Raumkonzept sehr genau konzipiert und mit empirischen Beispielen überzeugend belegt werden, ist das vierte Element in dieser Theorie zu unscharf gefasst. Unabhängig davon, dass Murphy hierbei die Tendenz klar umrissen und bezeichnet hat, das entsprechende Regime aber eher nur in einer impliziten Annäherung zu fassen versuchte, ist festzustellen, dass sich beide als Kategorien weiterer Untersuchungen in der geografischen wie politikwissenschaftlichen Forschung zu Territorium und territorialen Konflikten nur bedingt eignen.

Murphys Darstellung (2005: 283, 286), dass Staaten, welche nicht die ersten drei Regime als Legitimation ins Feld führen können, andere Argumente entwickeln und diese dann (in Bezug auf die Tendenz ‚polit-ökonomisch motivierter Gebietsanspruch') mit Verweis auf vorherige politische Vereinbarungen oder eine gewisse ‚historische Verbundenheit' legitimieren, lässt sich empirisch durchaus belegen (z.b. nigerianisch-kamerunischer Konflikt um die Bakassi-Halbinsel wegen Ölförderrechten). Problematisch wird es bei genauerer Betrachtung potenzieller empirischer Beispiele aber aufgrund der gemeinsamen Fassung politstrategischer und ökonomischer Motivlagen in ein und derselben Kategorie. Ich möchte dies kurz an einem empirischen Beispiel verdeutlichen.

Konzentriert man sich auf die Region des Ostchinesischen Meeres (Anrainerstaaten: China, Südkorea, Japan, Taiwan), kann man eine Vielzahl (potenzieller) territorialer Konflikte identifizieren. Manche lassen sich unter Rückgriff auf die ersten drei Regime erklären: Koreanische Einheitsbestrebungen unter Rückgriff auf die ‚ethnokulturelle Verteilung' (erstes Regime), Japans Inselansprüche unter Rückgriff auf seine ‚physisch-räumliche Einheit' (zweites Regime) oder Chinas Ansprüche auf Taiwan unter Rückgriff auf seine ‚politisch-territoriale Einheit' (drittes Regime). Ruft man sich allerdings noch einmal den japanisch-südkoreanischen Konflikt um die Liancourt-Felsen ins Gedächtnis[3] und bedenkt außerdem die zahlreichen Konflikte, die es um US-Militärbasen auf Japan gab und gibt[4], hat man zwei prominente Beispiele des vierten Regimes beziehungsweise seiner Tendenz.

Dabei erscheint es mir nicht sehr ertragreich, solche Beispiele in dergleichen Kategorie zu führen, denn dem Konflikt um die Liancourt-Felsen liegt eine ökonomische Argumentation zugrunde: die Autonomie über die Inseln geht einher mit (international geregelten) Fischereirechten. Der Konflikt um US-Militärbasen auf Japan ist dabei politstrategisch begründet: Japan, welches nicht in internationale Militär-/ Sicherheitsbündnisse wie der

---

[3] Eine umfangreiche Dokumentation des Fallbeispiels findet sich auf der Internetseite http://www.dokdo-takeshima.com/ (Barber 2009).

[4] Exemplarisch für die Konflikte kann ein jüngerer Vorfall (Vergewaltigungsvorwurf einer Japanerin durch einen US-Marine) und dessen mediale Berichterstattung angeführt werden (Yoshida 2008).

NATO eingebunden ist, hat mit den USA einen Sicherheitspakt geschlossen. Die USA wiederum begründen ihre Militärpräsenz dabei mit geopolitischen Argumenten regionaler Machtgleichgewichte.

An dieser Gegenüberstellung wird deutlich, dass zwischen Fischfang und Militärbasen wenig Gemeinsamkeiten bestehen und entsprechenden Konflikten unterschiedliche Argumente – beziehungsweise im Sinne Murphys: unterschiedliche territoriale Logiken – zugrunde liegen. Daher ist die vierte Kategorie zu unscharf und bedarf unter Umständen zumindest einer Aufteilung in politstrategische und ökonomische Regime territorialer Legitimation.

4. Die Territorial Trap bei Murphy

In seinem Artikel „Land, terrain, territory" (2010) setzt sich Elden mit verschiedenen Beiträgen zum Begriff des Territoriums der Geografie kritisch auseinander. Einen Aspekt, welchen er hervorhebt, ist Agnews „territorial trap" (Elden 2010: 801). Dabei handelt es sich um eine Kritik, die auch auf Murphys Raumkonzept angewendet werden kann.

Elden fasst Agnews „territorial trap" zusammen als eine Kritik an geografischen und politikwissenschaftlichen Forschungen, in welchen der Erklärung gesellschaftlicher Aspekte (z.B. territorialer Konflikte) der territoriale Staat als eine Art räumlicher Container unhinterfragt zugrunde gelegt wird (2011: 801). Agnew verweist darauf, dass der Nationalstaat moderner Prägung aber eben nicht als naturgegebenes Organisationsprinzip der Gesellschaft vorausgesetzt werden kann, denn der Nationalstaat ist, gesellschaftlich gemacht, ein Resultat politischer und historischer Prozesse (Meusburger 2000).

Relevant ist diese Kritik in Bezug auf Murphy, da er in seiner Betrachtung den Nationalstaat moderner Prägung als Akteur und Hauptbezugspunkt in territorialen Konflikten sieht (2005: 280). Dabei deutet Murphy mit seiner Weiterentwicklung der Betrachtung territorialer Konflikte, nämlich auf verschiedenen Ebenen, bereits selbst darauf hin, dass es neben dem Nationalstaat weitere Akteure gibt, welche territoriale Konflikte austragen können, ohne auf den Nationalstaat als Organisationsprinzip ihrer Gesellschaft angewiesen zu sein. Besonders in seinen Ausführungen zu intraregionalen Auseinandersetzungen bezieht sich Murphy auf empirische Beispiele (2005: 290-292), bei denen der Nationalstaat vielleicht noch Teil eines Konfliktes ist, aber nicht mehr als bestimmender Akteur oder unhinterfragt gegebenes strukturierendes Element der Gesellschaft auftritt.[5]

---

[5] An anderer Stelle hat sich Murphy (1993: 103-105) mit der „territorial trap" auseinandergesetzt in Bezug auf die Schwierigkeit, in empirischen Forschungen sich von der Nationalstaatsperspektive zu lösen, wenngleich Informationen und Daten/Statistiken dennoch mehrheitlich nur für die nationalstaatliche Ebene verfügbar sind. Ein Rückbezug der „territorial trap" zu seinen theoretischen Ausführungen hier ließ sich nicht finden.

Während beispielsweise die Autonomiebestrebungen der Kurden tatsächlich Kurdistan als Nationalstaat als Ziel haben und den territorialen Konflikt entsprechend legitimieren, so weisen intraregionale Konflikte in Europa oder den arabisch-islamischen Ländern andere Bezugspunkte auf. Die Autonomiebestrebungen verschiedener Regionen in der Europäischen Union legitimieren ihre Ansprüche oftmals unter Bezug auf ein „Europa der Regionen" (Jolly 2006). Und die in arabisch-islamischen Ländern verübten Terroranschläge extremistischer Gruppen richten sich argumentativ gegen die Präsenz US-amerikanischer Truppen in ihren Gebieten (Territorien), ohne dass sie für sich den jeweiligen Nationalstaat als Handlungsträger oder Bezugspunkt in Anspruch nehmen – nicht selten agieren sie sogar direkt gegen diesen Nationalstaat.[6]

Beiden Beispielen ist gemein, dass der Nationalstaat als Organisationsprinzip eben in Frage gestellt wird und alternative Formen des Regierens und der gesellschaftlichen Ordnung gedacht und verfochten werden. Daher verweisen diese intraregionalen Konflikte und deren zugrunde liegenden Ursachen zugleich auf Ansatzpunkte für eine Weiterentwicklung von Murphys Raumkonzept, welche im folgenden Kapitel diskutiert werden.

5. Mehrdimensionalität als Weiterentwicklung von Murphys Raumkonzept

Der eben angeführte Hinweis auf die Ursachen territorialer Konflikte zeigt, dass Murphys Raumkonzept zwar des Autors Ziel erfüllt, die territoriale Logik hinter territorialen Konflikten zu erklären, aber eben jene Ursachen, die letztlich Konflikte formieren, nicht (ausreichend) ergründen kann. Murphys eindimensionale Perspektive auf Raum (Territorium) verdeckt Aspekte anderer Bereiche, die potenziell ebenso wichtige Erklärungsansätze für territoriale Konflikte liefern können.

Jessop/Brenner/Jones (2008) diskutieren genau diesen Ansatz. Die Autoren argumentieren, dass die Vielseitigkeit sozialräumlicher Beziehungen und deren ständiger prozesshafter Wandel, ihre historische und kontextuelle Einbettung, ihre Komplexität und ihre Wechselbeziehungen nur mit einer Kombination verschiedener Perspektiven (z.B. Territorium, Ort/Place, Maßstabsebene/Scale, Netzwerk etc.) erfasst werden können (Jessop/Brenner/Jones 2008: 389, 392).

---

[6] Die spezifischen Fälle (von Marokko über Ägypten und Palästina bis zur arabischen Halbinsel, Irak und Afghanistan) erschweren eine Verallgemeinerung. Grundsätzlich würde ich zusammenfassen, dass eine Vielzahl betreffender islamistischer ‚Terrorgruppen' den Nationalstaat, zu welchem ihr Gebiet gezählt wird, ablehnen oder mit der Vorstellung von ‚Nationalstaat' nichts anzufangen wissen – sei es, weil der Nationalstaat in ihrem Fall von einem ‚gottlosen' Herrscher autoritär geführt wird (z.B. Jemen unter dem mittlerweile zurückgetretenen Ali Abdullah Salih), sie einen Islamischen Staat fordern, welcher die Grundideen des (westlichen) Nationalstaates ablehnt (z.B. Qaidat al-Dschihad fi Bilad ar-Rafidain / al-Qaida im Irak) oder weil sie historisch gewachsene eine Stammesstruktur als das Organisationsprinzip ihrer Gesellschaft betrachten (z.B. Stammesidentitäten und - territorien in Afghanistan) (Khanna 2011: 108-113; Habeck 2006).

Angewendet auf Murphy wäre die Kritik der Autoren, dass Murphy Territorium in seiner Untersuchung für das Ganze (Bestimmende) hält – auch wenn Murphy selbst im Text an einigen Stellen auf andere Einflussfaktoren verweist (2005: 280, 283, 292). Trotzdem findet sich in Murphys Beitrag der von Jessop/Brenner/Jones beschriebene „methodological territorialism" (2008: 391), bei welchem alle Aspekte sozialräumlicher Beziehungen unter Territorialität zusammengefasst werden.

Die Autoren schlagen vor, jedes sozialräumliche Konzept aus drei Perspektiven zu betrachten (Jessop/Brenner/Jones 2008: 396). Im Falle von Murphys Raumkonzept müsste man demnach zum ersten ‚Territorium an sich' untersuchen (Wirkungsrichtung z.b.: Territorium → Territorium) – so wie es Murphy in seinem Beitrag getan hat. Zum zweiten müsste ‚Territorium als strukturierendes Prinzip' analysiert werden (Wirkungsrichtung z.b.: Territorium → Maßstabsebene/Scale). Und zum dritten wird ‚Territorium als strukturiertes Feld' verstanden, auf welches ein anderes sozialräumliches Konzept als ‚strukturierendes Prinzip' wirkt (Wirkungsrichtung z.b.: Maßstabsebene/Scale → Territorium). Anhand der letzten beiden Ansätze möchte ich nachfolgend zeigen, wie Murphys Raumkonzept erweitert werden kann.

Murphy nimmt in seiner Untersuchung eine Unterteilung in die Maßstabsebenen Makro, Meso, Mikro vor (2005: 281). Dabei beschreibt er, wie manche territorialen Konflikte globalen, interregionalen oder zwischenstaatlichen Ausmaßes sein können (Beispiele siehe Kapitel 2). Aufgrund der beteiligten Akteure (Staaten) an diesen Konflikt scheint sich die Maßstabsebene bei Murphy logisch zu ergeben. Hier kann eine Mehrdimensionalität in der Betrachtung mehr Einblicke liefern.

Swyngedouw (2007) hat die These vertreten, dass Maßstabsebenen niemals gesellschaftlich oder politisch neutral gegeben sind, sondern ständig (re-)produziert werden in einem vielfältigen, konfliktreichen und umstrittenen gesellschaftlichen Prozess (140). Das heißt – der Logik Swyngedouws folgend und bezugnehmend auf Murphy –, dass die jeweilige Maßstabsebene, auf welcher ein territorialer Konflikt ausgetragen wird, von den beteiligten Akteuren (beziehungsweise nur den mächtigsten dieser Akteure) bewusst ausgewählt und eingesetzt wird. Eine solche Logik taucht in Murphys Argumentation explizit nicht auf, da sein Bezugspunkt die Regime territorialer Legitimation und nicht die Maßstabsebenen sind.

Dabei lassen sich bereits vorher erwähnte Beispiele wieder anführen, um die Erklärungskraft einer solchen Mehrdimensionalität aus Territorium und Maßstabsebene zu unterstreichen. Die Ansprüche Chinas auf Taiwan können weiterhin unter Rückgriff auf das dritte Regime ‚politisch-territorialer Einheit' begründet werden. Dieser Konflikt wird aber nicht aufgrund der Beteiligung dieser zwei Staaten auf der Mikroebene (im Sinne Murphys) ausgetragen. Stattdessen wirkt hier ‚Territorium als strukturierendes Prinzip' auf die Maßstabsebene, da

China Taiwan als abtrünnige Provinz erachtet und definiert („One China Principle"; Roberge/Lee 2009). Entsprechend framt (rahmt) China den Konflikt als innerstaatlich und verbittet sich jegliche Einmischung ‚von außen' – aus einer territorialen Argumentation heraus schiebt China den Konflikt intendiert auf die Mikroebene.

Ebenso lässt sich das Beispiel der Autonomiebestrebungen verschiedener Regionen in der Europäischen Union (z.B. Basken, Katalanen, Schotten, Waliser, Wallonen vs. Flamen) weiterhin dem ersten Regime in seiner intraregionalen Ausprägung zuordnen, da es sich um Konflikte ethnokultureller Minderheiten handelt. Allerdings wirkt hierbei die ‚Maßstabsebene als strukturierendes Prinzip' auf ‚Territorium als strukturiertes Feld'. Denn die Autonomiebestrebungen von Regionen in der Europäischen Union beziehen ihre Legitimation (unter anderem) aus dem Konzept eines „Europa der Regionen"; das heißt, sie setzen intendiert auf eine supranationale Maßstabsebene, in diesem Fall die Europäische Union mit ihren Institutionen, um einen territorialen Konflikt auszutragen (Jolly 2006). Dadurch erreichen sie eine andere Rahmung (Verständnis) von Territorium durch die Maßstabsebene der Europäischen Union, welche ihre Mitgliedsstaaten anders strukturiert/versteht, als das die einzelnen Staaten potenziell tun (nämlich (relativ) selbstständige Regionen vs. autonome Nationalstaaten) (vgl. Assembly of European Regions 2012).

Bei beiden Beispielen zeigt sich, wie die Kombination aus Murphys Raumkonzept von Regimen territorialer Legitimation (2005) und Swyngedouws Konzeption der Maßstabsebene (1997) sowohl die Argumentationen als auch Ursachen von territorialen Konflikten umfassender verstehen und schärfer nachzeichnen lassen.

6. Fazit

Die vorangegangen Ausführungen haben gezeigt, dass Murphys Raumkonzept mit seinen vier Regimen und den dazugehörigen Tendenzen die Logik territorialer Konflikte im modernen Staatensystem erläutern kann. Ich habe argumentiert, dass das vierte Regime und die entsprechende Tendenz, also die polit-ökonomische territoriale Logik, als eine gemeinsame Kategorie eine zu große Unschärfe besitzt. Desweiteren habe ich unter Bezug auf Elden (2010) beziehungsweise Agnew erläutert, dass der Nationalstaat auch im modernen Staatensystem nicht als naturgegebenes Ordnungsprinzip der Gesellschaft unhinterfragt vorausgesetzt werden kann („territorial trap").

Als Weiterführung von Sack (1983) kann Murphy deutlich machen, dass Grenzen intentional gezogen und Machtkonstellationen im Raum – nämlich als durch Grenzen abgetrennte Territorien – verdinglicht werden. Dennoch reicht diese Perspektive nicht aus, um die

Ursachen zu identifizieren, welche territorialen Konflikten zugrunde liegen. Hier kann im Sinne der Mehrdimensionalität von Jessop/Brenner/Jones (2008) eine Kombination aus verschiedenen sozialräumlichen Konzepten mehr Erklärungskraft für eine Untersuchung bieten. Dies habe ich am Beispiel von Swyngedouws Maßstabsebenen (1997) in Verbindung mit Murphys Regimen territorialer Legitimation (2005) aufgezeigt.

Unter Rückbezug auf Khannas Sachbuch „How to Run the World" (2011) möchte ich anmerken, dass Khanna durch das implizite Einnehmen verschiedener Perspektiven (Territorium, Ort/Place, Maßstabsebene/Scale, Netzwerk etc.) sowohl Legitimationen (Argumentationen) als auch Ursachen verschiedener territorialer Konflikte fallspezifisch nachzeichnen kann. Das deutet aber – gerade im Vergleich zu einem theoretischen Beitrag wie von Murphy – darauf hin, dass die von Jessop/Brenner/Jones (2008) eingeforderte Mehrdimensionalität vor allem auf empirische Untersuchungen anzuwenden ist, während konzeptionelle (theoretische) Fassungen von Raumkonzepten die Komplexität unterschiedlichster Fallbeispiele nur bis zu einem gewissen Grad abstrahieren können.

Die eingangs zitierten Kernfragen – wer also ein Land haben und wer ein Land sein darf (Khanna 2011: 75) – sind demnach geopolitisch höchst relevant, für die Theorie aber zu simplifizierend. Denn dann müsste (im Sinne von Eldens Kritik an bisheriger Raumforschung (2010)) auch geklärt werden: Wer ist ‚wer'? Was ist ein ‚Land'? Was bedeutet es, ein ‚Land zu haben'? Und bedeutet es, ein ‚Land zu sein'? … Dies erfordert eine klare Konzeption verschiedenster Raumbegriffe. Dabei ist für diese Arbeit hier festzuhalten, dass Murphy für den Begriff Territorium einen wesentlichen Beitrag geleistet hat, der mehrdimensional für die Theorie wie auch Empirie weiterentwickelt werden kann.

7. Literaturverzeichnis

Assembly of European Regions (2012): Regional Democracy. Internet: http://www.aer.eu/main-issues/regional-democracy.html (04.03.2012).

Barber, S. J. (2009): A Brief Introduction to Korea's Dokdo – Takeshima Island. Internet: http://www.dokdo-takeshima.com/ (04.03.2012).

Brenner, N., B. Jessop und M. Jones (2008): Theorizing sociospatial relations. *Environment and Planning D* 26: 389-401.

Elden, S. (2010): Land, terrain, territory. *Progress in Human Geography* 34: 799-817.

Habeck, M. (2006): Knowing the Enemy. Jihadist Ideology and the War on Terror. New Haven/London (Yale University).

Jolly, S. K. (2006): A Europe of Regions? Regional Integration, Sub-National Mobilization and the Optimal Size of States. Dissertation. Durham (Duke University). Internet: http://faculty.maxwell.syr.edu/skjolly/Diss.pdf (04.03.2012).

Khanna, P. (2011): How to Run the World. Chartering a Course to the Next Renaissance. New York (Random House).

Meusburger, P. (2000): Does Globalisation Make Nation States Obsolete?. Pressemitteilung zur 8. Hettner-Lecture 2000 in Heidelberg: Die Wissenschaft in der „Denkfalle" des Nationalstaats. Universität Heidelberg: 23.06.2000. Internet: http://www.uni-heidelberg.de/press/news/press100_e.html (04.03.2012).

Murphy, A. B. (1993): Emerging Regional Linkages in the European Community: Implications for the State-Centered Perspectives on European Society. *Tijdschrift voor Economische en Sociale Geografie 84 (2): 103-118.*

Murphy, A. B. (2005): Territorial Ideology and Interstate Conflict. In: Flint, C. (Hrsg.): The Geography of War and Peace: 280-296. Oxford (Oxford University).

Roberge, M. und Y. Lee (2009): China-Taiwan Relations. Backgrounder. Council on Foreign Relations: 11.08.2009. Internet: http://www.cfr.org/china/china-taiwan-relations/p9223#p2 (04.03.2012).

Sack, R. (1983): Human Territoriality: A Theory. *Annals of the Association of American Geographers* 73: 55-74.

Swyngedouw, E. (1997): Neither Global nor Local. „Glocalization" and the Politics of Scale. In: Jessop, B. (Hrsg.): Regulation Theory and the Crisis of Capitalism: 137-166. Cheltenham Glos/Northampton (Edward Elgar).

Yoshida, R. (2008): Basics of the U.S. military presence. Japan Times: 25.03.2008. Internet: http://www.japantimes.co.jp/text/nn20080325i1.html (04.03.2012).